中国盐碱地

特色产业发展报告
（黄河口大米）

ZHONGGUO YANJIANDI TESE CHANYE FAZHAN BAOGAO
（HUANG HE KOU DAMI）

朱大洲　魏景海　郝媛媛　张怡敏　普建凤 ◎ 编著

中国农业科学技术出版社

图书在版编目（CIP）数据

中国盐碱地特色产业发展报告：黄河口大米 / 朱大洲等编著. -- 北京：中国农业科学技术出版社，2025.7. -- ISBN 978-7-5116-7576-7

Ⅰ.S511.019.22

中国国家版本馆 CIP 数据核字第 2025GD2902 号

责任编辑	周　朋
责任校对	王　彦
责任印制	姜义伟　王思文

出 版 者	中国农业科学技术出版社
	北京市中关村南大街 12 号　邮编：100081
电　　话	（010）82103898（编辑室）　（010）82106624（发行部）
	（010）82109709（读者服务部）
网　　址	https://castp.caas.cn
经 销 者	各地新华书店
印 刷 者	北京建宏印刷有限公司
开　　本	210 mm × 290 mm　1/16
印　　张	2
字　　数	45 千字
版　　次	2025 年 7 月第 1 版　2025 年 7 月第 1 次印刷
定　　价	28.00 元

——版权所有·侵权必究——

《中国盐碱地特色产业发展报告（黄河口大米）》
编著委员会

主　　任：梅旭荣　常淮诚

副 主 任：王晓红　张凌燕　李玉义

主 编 著：朱大洲　魏景海　郝媛媛
　　　　　张怡敏　普建凤

编著人员：（按姓氏笔画排序）
　　　　　王宇晨　田鑫宇　朱　宏
　　　　　乔　梁　任　潇　李颜秘
　　　　　时红蕾　吴金聪　赵帅鹏
　　　　　聂　莹　高洁莹　黄淑贤
　　　　　梁克红　程　铭

摘　要

近年来，习近平总书记在山东东营、河北沧州、内蒙古巴彦淖尔等地考察时，多次对加强盐碱地综合利用作出重要指示，提出要"做好盐碱地特色农业大文章"。国家盐碱地综合利用技术创新中心、农业农村部食物与营养发展研究所、山东省黄河三角洲可持续发展研究院等单位组织撰写了《中国盐碱地特色产业发展报告（黄河口大米）》。通过梳理我国盐碱地特色农业发展概况，分析黄河口大米的独特品质特征，报告认为：

盐碱地农业要走特色产业之路。 盐碱地是我国至关重要的后备耕地资源和"潜在粮仓"。推进盐碱地综合利用，是践行大食物观、拓展农业生产空间、保障国家粮食安全的重要举措。俗话说"顺境出产量，逆境出品质"。盐碱地上作物不易生长，产量低，常规种养殖没有竞争优势，但其土壤矿物质含量高，一旦作物能长出来，往往具有更好的品质。因此，做好盐碱地特色农业这篇大文章，重点要在"特色"二字上下功夫，挖掘品质特色、品种特色、品类特色、产业特色，从而实现优质优价。近年来，国家和地方陆续出台了一系列政策，以支持盐碱地特色农业的发展，各地通过积极探索，在盐碱地种植业、畜牧业和渔业方面已经初见成效。

黄河口大米具有独特营养品质。 黄河口大米获得国家农产品地理标志产品登记保护，主要产地为山东省东营市垦利区，位于黄河三角洲地带，已形成特色产业规模。以东营市盐碱地种植的5个品种稻米为研究对象，同时选取其在相近产区非盐碱地种植的稻米作为对比样品，分析盐碱地稻米和非盐碱地稻米在主要营养成分、风味口感、功能成分等方面的差异，结果表明，盐碱地稻米和非盐碱地稻米蛋白质含量无显著性差异，其独特营养特征在于：①盐碱地稻米直链淀粉、脂肪含量略高于非盐碱地稻米；②盐碱地稻米中钙、铁、钠、钾等矿物质含量显著高于非盐碱地稻米；③盐碱地稻米的总酚含量、超氧化物歧化酶活性、总抗氧化能力显著高于非盐碱地稻米。

黄河口大米特色产业应走营养功能之路。随着我国经济社会发展，城乡居民正由吃得饱、吃得好向吃得营养、吃出健康迈进。建议黄河口大米产业顺应新时代人们对美好生活的向往和营养健康需求，充分利用盐碱地的资源禀赋，做好品质，做强功能，做足特色，发展盐碱地特色产业。一是加快营养化转型，塑造黄河口大米健康品牌；二是推行标准化生产，提高稻米产品质量和一致性；三是推行订单化生产，提高经济效益和市场竞争力。

目　录

一、盐碱地农业要走特色产业之路 ……………………………… 1

（一）发展盐碱地农业，是践行大食物观的重要举措 ……………… 1

（二）逆境出品质，盐碱地农业发展关键在品质特色 ……………… 2

（三）各地积极探索，盐碱地特色农业初见成效 …………………… 3

二、黄河口大米已形成特色产业规模 …………………………… 6

（一）黄河口大米产地特点 …………………………………………… 6

（二）黄河口大米种植情况 …………………………………………… 7

（三）黄河口大米市场状况 …………………………………………… 8

三、黄河口大米具有独特营养品质 ……………………………… 10

（一）黄河口大米营养特征 …………………………………………… 11

（二）黄河口大米风味特征 …………………………………………… 14

（三）黄河口大米功能评价 …………………………………………… 16

四、黄河口大米特色产业应走营养功能之路 …………………… 18

（一）加快营养化转型，塑造黄河口大米健康品牌 ………………… 18

（二）推行标准化生产，提高稻米产品质量和一致性 ……………… 19

（三）推行订单化生产，提高经济效益和市场竞争力 ……………… 19

参考文献 ……………………………………………………………… 20

一

盐碱地农业要走特色产业之路

盐碱地泛指土壤中可溶性盐类含量过高，致使大多数植物的生长受到不同程度的抑制，甚至不能生长成活的土地，其土壤称为盐渍土或盐碱土，包括各种盐土和碱土以及其他不同程度盐化和碱化的土壤（刘小京等，2023）。我国是全球第三大盐碱地分布国家，部分盐碱地具有良好的开发利用潜力，是至关重要的后备耕地资源和"潜在粮仓"。推进盐碱地综合利用，既是践行大食物观、拓展农业生产空间、保障国家粮食安全的重要举措，又是做好特色农业大文章、促进农民增收、推进乡村全面振兴的有力支撑。

（一）发展盐碱地农业，是践行大食物观的重要举措

我国是世界人口大国、农业大国，粮食生产、进口、消费大国。粮食刚性需求与资源条件、外部环境约束并存，保障国家粮食安全面临巨大压力。自党的十八大以来，党中央制定了一系列措施，严守耕地红线，强调在持续强化严格保护耕地的同时，积极开发利用各类非传统耕地资源。

2021年10月，习近平总书记在山东考察期间，前往黄河三角洲农业高新技术产业示范区（以下简称"农高区"），走进盐碱地现代农业试验示范基地，了解盐碱地生态保护和综合利用、耐盐碱植物育种和推广情况。考察黄河三角洲农高区时，习近平总书记指出，土地资源是很宝贵的，抗盐碱作物发展起来对提高土地增量是

很有意义的。如果耐盐碱作物发展起来，对保障中国粮仓、中国饭碗将起到重要作用（刘自艰，2021）。

2022年中央一号文件《中共中央 国务院关于做好2022年全面推进乡村振兴重点工作的意见》中明确提出，要全面完成高标准农田建设阶段性任务，积极挖掘潜力增加耕地，支持将符合条件的盐碱地等后备资源适度有序开发为耕地。研究制定盐碱地综合利用规划和实施方案。分类改造盐碱地，推动由主要治理盐碱地适应作物向更多选育耐盐碱植物适应盐碱地转变。支持盐碱地、干旱半干旱地区国家农业高新技术产业示范区建设（徐锦庚等，2022；智荣等，2022）。

2022年3月6日，习近平总书记在看望参加全国政协十三届五次会议的农业界、社会福利和社会保障界委员时强调，解决吃饭问题不能光盯着有限耕地，要树立大食物观。从内涵来看，就是要丰富扩大食物的来源，要从耕地资源向整个国土资源拓展，依靠现代科技驱动，全方位开发耕地、森林、海洋资源，保障各类食物有效供给，实现各类营养素供求平衡，更好地满足人民群众美好生活的需要。

2023年7月20日，习近平总书记主持召开二十届中央财经委员会第二次会议，研究加强耕地保护和盐碱地综合改造利用等问题。习近平总书记在会上发表重要讲话，会议指出，盐碱地综合改造利用是耕地保护和改良的重要方面，要充分挖掘盐碱地综合利用潜力，加强现有盐碱耕地改造提升，有效遏制耕地盐碱化趋势。对落实"藏粮于地、藏粮于技"战略，充分挖掘盐碱地综合利用潜力，稳步拓展农业生产空间等提出明确要求。

2023年12月1日出版的第23期《求是》杂志发表了习近平总书记的重要文章《切实加强耕地保护 抓好盐碱地综合改造利用》，文章深刻指出："长期以来，在盐碱地综合改造利用方面，我们党带领人民谱写了辉煌篇章"，新中国成立后，党中央带领人民对黄泛区盐碱地开展综合治理，"经过几十年的改造、几代人的努力，黄泛区变成了名副其实的大粮仓"。

（二）逆境出品质，盐碱地农业发展关键在品质特色

近年来，我国耕地"非农化""非粮化"问题较为突出，耕地撂荒日益增多，其中一个重要原因就是粮食种植比较收益低。各种物价不断上涨，农资、人工费用

更是快速上涨，但普通的粮食价格较为稳定，农民种地如果风调雨顺能够稍微赚点，如果年景不好就有可能赔本，因此农民种地的积极性不高。普通耕地尚且如此，盐碱地上种植粮食产量更低，按照常规思路发展，情况只会更差。

同时也需要意识到，人民群众消费不断升级，也为农业产业发展提供了新机遇。当前，我国人均国内生产总值已经突破1万美元。在消费端，城乡居民消费加快向绿色、健康、安全方向升级，农产品需求从"吃得饱"向"吃得好""吃得营养健康"转变；然而在生产端，却存在发展不平衡、不充分的问题，粗放低端农产品供过于求与绿色优质农产品供给不足并存。国产优质农产品难以满足人民美好生活的需要，导致居民对进口农产品盲目崇拜，形成了"洋货入市、国货入库"等情况，这都为发展优质农产品提供了广阔空间。

俗话说"顺境出产量，逆境出品质"，盐碱地上作物不易生长，产量低，发展常规种植养殖没有竞争优势，但其土壤矿物质含量高，一旦作物能长出来，往往具有更好的品质。有关研究初步显示，盐碱地农产品在矿物质含量、风味方面比较独特，并具有一定的抗氧化能力。据《本草纲目拾遗》记载，盐地碱蓬具有清热、消积功效。现代医学研究发现，盐地碱蓬具有整肠、通便、预防心血管疾病、降血糖、抗氧化、调节免疫以及预防控制肥胖等特殊生理功能。另外，益母草、罗布麻、二色补血草、鹅绒藤、柽柳、菊芋、鲜白茅等均是被实践证明具有药用价值的盐地植物，具有较好的培育开发潜力。

2023年5月，习近平总书记在河北沧州考察时指出，盐碱地综合利用是个战略问题，必须摆上重要位置。我国除了沿海地区，东北松嫩平原、内蒙古河套地区、新疆地区等，都有大片盐碱地。要在已有成果基础上进一步努力，做好盐碱地特色农业这篇大文章。这给盐碱地农业的发展指明了方向，即在"特色"二字上下功夫，挖掘品质特色、品种特色、品类特色、产业特色，"小而精、小而特、小而优"才是盐碱地农业发展的真谛。只有这样，才能实现优质优价，让农民得到实实在在的收益，盐碱地特色产业才能持续发展。

（三）各地积极探索，盐碱地特色农业初见成效

在种植业方面，盐碱地植物涵盖了粮食作物、经济作物和绿化树种等多个领

域，如水稻、小麦、玉米、棉花、大豆、花生、油菜等。其中，水稻作为盐碱地改良的重要作物之一，通过选用耐盐碱品种和科学的田间管理，已经在盐碱地种植方面取得了显著成效。2021年3月科技部批复同意建设国家耐盐碱水稻技术创新中心，聚力开展耐盐碱水稻核心种质创制和重要品种培育。目前我国已培育出系列耐盐碱水稻品种，如"盐稻系列""海稻系列"等。各地结合实际制定了系列政策措施，推动耐盐碱水稻的研发与推广应用。黑龙江省发布了《关于新时代推动高质量发展加快建设质量龙江的意见》。吉林省大安市制定印发《大安市耐盐碱水稻良种繁育基地发展规划（2022—2025年）》。辽宁省将盐碱地改造纳入全省农业发展规划。到2022年底，盐碱地发展种植面积已突破100万亩，覆盖山东、内蒙古、浙江、新疆等多个地区。辽宁省盐碱地利用研究所选育的耐盐碱优质高产水稻——盐粳431平均亩产达609.2千克（马洪超，2022；崔义鑫等，2023；李越，2023）。

在畜牧业方面，一些耐盐碱的牧草品种，如碱茅、碱蓬等，能够顽强生长，为畜牧业提供了丰富的饲草资源。盐碱地畜牧业的发展也带动了相关产业的兴起，如饲料加工、畜产品加工等，形成了完整的产业链条，为当地经济的增长提供了新的动力。河北省沧州市设计了一条全域性的牛、沼、肥、饲一体化产业化发展路径，用盐碱地种植苜蓿、青贮玉米、旱碱麦等作物，并在此基础上发展养殖优质奶牛2万多头。新疆阿克苏地区重点推行棉花-青贮玉米-紫花苜蓿-玉米-棉花的盐碱地改良模式，2022年种植耐盐碱苜蓿，产量可达到1.2吨/亩以上，收益已经超过棉花的收益，纯收益平均超过1 000元/亩，且种植苜蓿之后种植棉花产量提高10%以上，青贮玉米产量提高15%以上，土壤盐碱状况也得到了适度的改善（蔡东海，2023）。宁夏盐池县大力推动滩羊产业的规模化发展，目前全县羊只饲养量稳定在300万只以上，规模化养殖比例高达90%以上，有效带动了当地经济的发展和农民的增收（秦瑞杰，2023）。

在渔业方面，盐碱地这一曾经被视为渔业生产"禁区"的土地，如今在科技的助力下，正逐步展现出其独特的渔业发展潜力。科研人员通过基因工程、遗传育种等手段，筛选出了一批适应盐碱环境的鱼类、虾类、蟹类品种。这些品种不仅能够在盐碱水中正常生长，还具有较高的抗病能力和生长速度。例如，南美白对虾、黄河口大闸蟹等品种在盐碱水中的养殖取得了显著成效，成为当地渔民增收的重要途径。宁夏盐池县通过引进渔业养殖、加工企业对盐碱水资源进行合理开发利用，每年加工丰年虫卵600多吨，产值1亿元以上（曲哲涵，2022）。东营市利津县通过"上农下渔"种养模式开发，辐射带动周边10万亩盐碱地变成丰产田，蹚出一条盐碱地上增收致富的新路子（利津县人民政府，2024）。内蒙古自治区鄂尔多斯市杭锦旗政府通过争取上级资金和本级财政投入，为盐碱地渔业发展提供了资金支持（刘悦嘉，2024）。新疆维吾尔自治区政府及相关部门出台了《关于加快推进渔业绿色发展的实施意见》，2023年新疆生产优质三文鱼6 700余吨，占国产内陆三文鱼产量的1/3。三文鱼养殖已成为新疆的重要产业之一，为当地农民提供了更多的就业机会和收入来源，促进了"戈壁渔民"的增收致富（马帛宇，2024）。

二

黄河口大米已形成特色产业规模

山东省东营市盐碱地面积341万亩，占全省盐碱地面积的38%，其中盐碱耕地196万亩，占全市耕地总面积的59%，既有治理保护、生态利用的现实需求，又有发展盐碱地农业的巨大空间。近年来，东营市依托黄河入海口独特的资源，打造了黄河口大米、大闸蟹、滩羊、海参、莲藕等一批有特色、有规模、有影响力的优势产业。构建了以"黄河口农品"整体品牌为引领，区域公用品牌+企业产品品牌的农产品母子品牌矩阵。2011年12月15日，农业部正式批准对"黄河口大米"实施农产品地理标志登记保护。

（一）黄河口大米产地特点

黄河口大米的地理标志保护的区域范围为山东省东营市垦利区所辖行政区域，辖7个镇（街道）333个行政村。地理坐标为东经118°15′00″~119°15′00″，北纬37°24′00″~38°10′00″。东营市垦利区位于黄河三角洲地带，地处北纬37°，这一纬度被世界公认为"水稻黄金纬度线"，与全球顶级水稻产区如日本新潟县、韩国水源市等齐名。这里的气候条件得天独厚，属于温带大陆性气候，四季分明，光照充足，年降水量适中且多集中在夏季，为水稻生长提供了充足的光热资源。在水稻孕穗晒米的关键时期，少阴多晴、昼夜温差较大的气候特点有利于优质一季稻的种植与成熟。

黄河口大米的灌溉水源来自黄河，黄河水中的泥沙富含多种化学元素，不仅为水稻提供了充足的水分，还是一种营养丰富的天然肥料。此外，黄河新淤地的重碱被黄河水压下后，少量碱残存土中，这对水稻品质的形成起到了积极作用，使黄河口大米具有独特的口感和营养价值。

垦利区和利津县都是黄河口大米的主要种植区域。垦利区以其特产黄河口大米而闻名，而利津县则依托其沿黄优势，发展黄河口大米的规模化、标准化种植和集约化经营。这两个县区都充分发挥当地生态资源优势，通过现代农业生产技术，提升产品质量，推动产业发展。

（二）黄河口大米种植情况

黄河口大米的生产历史悠久。1964年，为充分利用黄河水源，改变沿黄地区生产条件，垦利县（现垦利区）宁海公社首先试种水稻成功。20世纪70年代，垦利县水稻种植逐步扩大到胜坨、高盖等公社。1989年，山东省首家水稻示范农场在垦利县成立，进行大规模稻田开发和良种繁育、技术研发。

近年来，黄河口地区，特别是东营市垦利区，依托其独特的地理和气候条件，大力发展水稻种植。随着黄河水情的改善、种植机械化水平的提高和东营市对水稻产业支持力度的加大，农民种植水稻的积极性不断提高，该地区的水稻种植面积不断扩大，已形成了规模化、标准化的种植格局。据相关数据显示，2023年东营市黄河口大米种植面积22万余亩，垦利区和利津县都是黄河口大米的主要种植区域，其中垦利区水稻的常年种植面积达15万亩。这一规模化的种植不仅提高了土地利用率，也为黄河口大米的产业化发展奠定了坚实基础。为了提升黄河口大米的品质和产量，当地政府和农业部门积极引进和培育适应盐碱地环境的优质水稻品种。目前，已引进和培育了多个抗盐碱、高产优质的水稻新品种，如津原U99、金稻919、盐黄香粳、中科发928、小粒香等。这些新品种不仅具有较强的耐盐碱能力，而且产量高、米质优，深受市场欢迎。

黄河口大米的种植技术和管理水平也在不断提高。当地推广了数字化、智能化、专业化的农业管理理念，通过应用"艾米5G全域数字农田管理系统"等现代科技手段，逐步进行水稻种植的全程智能化管理。从种子选择、土壤管理、水分供给到病虫害防治等各个环节，都由数据指导，以确保水稻的高产高质。此外，当地还注重农业技术的培训和推广，提高农民的种植技能和管理水平，为黄河口大米的优质生产提供有力保障。

（三）黄河口大米市场状况

在种植规模扩大的同时，黄河口大米产业在发展过程中，开始注重产业链的构建和品牌的建设。当地建设了集水稻繁育、大米深加工、大米烘干仓储等功能于一体的综合加工基地。同时，还注册了多个稻米品牌，并通过线上线下相结合的方式拓宽销售渠道，提升品牌知名度和市场竞争力。这些举措不仅促进了黄河口大米产业的规模化、标准化发展，也提高了产品的附加值和市场占有率。

黄河口镇正在推进沿黄大米育繁推一体化项目，该项目通过整合扶持壮大村集体经济、社会资本投资，用垦利区首宗农村集体经营性建设用地入市、集体土地经营权入股等政策撬动土地资源，建设了占地17 000平方米、日加工能力60吨的大米加工厂以及水稻秧苗繁育棚16个。该项目采用了"国资平台+合作社+运营公司+农户"的组织模式。项目建成后，预计可加工精细大米5 000吨/年、育秧100亩/年。通过推动黄河口水稻规模种植、加工、繁育的持续融合，逐步建成集育繁推、产供销功能为一体的黄河口大米全产业链体系。

利津县陈庄镇通过数字化赋能水稻种植，引进外省企业，推动水稻精细化、生态化生产，发展水稻数字化种植2.1万亩，实现了农药减量40%，亩产增加15%，亩均增收600元。

黄河口大米产业链不断延伸和完善。从水稻种植到加工、销售、品牌建设等各个环节入手，构建完整的产业链条。同时，还积极探索稻虾混养、稻蟹混养、稻鸭混养等生态种植模式，提高土地利用率和产出效益。

黄河口大米产业还与乡村旅游、文化体验等产业融合发展。例如，在垦利街道七村等地，通过建设乡村生活综合体、打造特色小吃街等措施，实现了"三产带二产促一产"的良性循环，衍生出研学游、团建、创业等多种"民宿+"业态。这种融合发展模式不仅促进了当地经济发展，还提高了黄河口大米的附加值和品牌影响力。

二、黄河口大米已形成特色产业规模

在品牌建设方面，东营市政府也高度重视，持续推动优良品种培育和黄河口大米品牌打造。通过制定《东营市黄河口大米产业全产业链高质量发展三年行动方案（2023—2025年）》等政策措施，从黄河口大米培育推广、生产能力提升、精深加工、品牌打造等方面做大做强黄河口大米。目前，黄河口大米已成为国家地理标志农产品、山东省知名农产品区域公用品牌，产品畅销北京、上海、天津、香港等地。

垦利区已注册了"水城米仓""民丰社"等4个黄河口大米商标，其中东营市一邦农业科技开发有限公司的"水城米仓"大米通过了有机食品认证。根据中国品牌建设促进会公布的2023中国品牌价值评价结果，黄河口大米作为国家地理标志农产品和山东省知名农产品区域公用品牌，品牌价值已达到11.57亿元。

综上所述，黄河口大米呈现出种植面积初具规模、品种引进与改良不断推进、种植技术与管理水平不断提高以及产业链构建与品牌建设日益完善的良好态势，已初步形成特色产业规模。

三 黄河口大米具有独特营养品质

2022—2024年，农业农村部食物与营养发展研究所以山东省东营市5个品种盐碱地稻米样品为研究对象，与其他地区同品种非盐碱地稻米对比，进行特征品质挖掘研究（普建凤，2024）。样品信息如下：5个品种盐碱地稻米均采集于2022年10月，来源于山东省东营市，土壤盐碱度为0.3%~0.5%；非盐碱地稻米中科发928、盐黄香粳来源于北京市昌平区，金稻919、津原U99来源于天津市，小粒香来源于山东省济南市（表1）。

表1 样品信息表

品种	是否为盐碱地	取样地	盐碱度
津原U99	是	山东省东营市	0.3%~0.5%
	否	天津市	0
金稻919	是	山东省东营市	0.3%~0.5%
	否	天津市	0
盐黄香粳	是	山东省东营市	0.3%~0.5%
	否	北京市昌平区	0
中科发928	是	山东省东营市	0.3%~0.5%
	否	北京市昌平区	0
小粒香	是	山东省东营市	0.3%~0.5%
	否	山东省济南市	0

三、黄河口大米具有独特营养品质

（一）黄河口大米营养特征

检测方法：水分含量测定参照GB 5009.3—2016《食品安全国家标准 食品中水分的测定》中的直接干燥法；蛋白质含量测定参照GB 5009.5—2016《食品安全国家标准 食品中蛋白质的测定》中的第二法；脂肪含量测定参照GB 5009.6—2016《食品安全国家标准 食品中脂肪的测定》中的索氏抽提法；直链淀粉含量测定参照NY/T 55—1987《水稻、玉米、谷子籽粒直链淀粉测定法》中的紫外可见分光光度法；氨基酸含量测定参照GB 5009.124—2016《食品安全国家标准 食品中氨基酸的测定》；脂肪酸含量测定参照GB 5009.168—2016《食品安全国家标准 食品中脂肪酸的测定》中的第一法；维生素B_1含量测定参照GB 5009.84—2016《食品安全国家标准 食品中维生素B_1的测定》中的高效液相色谱法；维生素B_2含量测定参照GB 5009.85—2016《食品安全国家标准 食品中维生素B_2的测定》中的高效液相色谱法；维生素E含量测定参照GB 1886.233—2016《食品安全国家标准 食品添加剂维生素E》；矿物质含量测定参照GB 5009.268—2016《食品安全国家标准 食品中多元素的测定》，其中，Ca、Fe、K、Mn、Na和P用电感耦合等离子体发射光谱法（ICP-OES）测定，Zn、Mg、Cu和Se用电感耦合等离子体质谱法（ICP-MS）测定。

检测结果如表2～表6所示。

表2　盐碱地稻米和非盐碱地稻米宏量营养素对比分析

宏量营养素	盐碱地稻米	非盐碱地稻米
水分（%）	12.30 ± 0.31	12.22 ± 0.33
直链淀粉（干基，%）	15.47 ± 1.05	14.44 ± 1.01
蛋白质（克/100克）	7.83 ± 0.83	7.72 ± 0.95
脂肪（克/100克）	3.78 ± 0.61	3.12 ± 0.73

表3　盐碱地稻米和非盐碱地稻米氨基酸组成和含量对比分析

氨基酸	盐碱地稻米	非盐碱地稻米
天冬氨酸（克/100克）	0.620 ± 0.11	0.589 ± 0.09
丝氨酸（克/100克）	0.355 ± 0.05	0.352 ± 0.06
谷氨酸（克/100克）	1.586 ± 0.24	1.568 ± 0.26

（续表）

氨基酸	盐碱地稻米	非盐碱地稻米
甘氨酸（克/100克）	0.306 ± 0.04	0.293 ± 0.05
酪氨酸（克/100克）	0.130 ± 0.06	0.131 ± 0.06
丙氨酸（克/100克）	0.375 ± 0.06	0.329 ± 0.04
缬氨酸*（克/100克）	0.387 ± 0.06	0.360 ± 0.06
蛋氨酸*（克/100克）	0.085 ± 0.03	0.068 ± 0.02
异亮氨酸*（克/100克）	0.244 ± 0.04	0.240 ± 0.04
亮氨酸*（克/100克）	0.540 ± 0.08	0.520 ± 0.09
苏氨酸*（克/100克）	0.217 ± 0.03	0.232 ± 0.04
苯丙氨酸*（克/100克）	0.321 ± 0.08	0.218 ± 0.06
赖氨酸*（克/100克）	0.265 ± 0.03	0.273 ± 0.04
组氨酸（克/100克）	0.175 ± 0.03	0.153 ± 0.01
精氨酸（克/100克）	0.522 ± 0.09	0.502 ± 0.09
脯氨酸（克/100克）	0.408 ± 0.04	0.417 ± 0.07
TAA（克/100克）	6.537 ± 0.99	6.245 ± 1.04
NEAA（克/100克）	4.478 ± 0.69	4.334 ± 0.70
EAA（克/100克）	2.059 ± 0.30	1.911 ± 0.34
EAA/TAA	31.50%	30.60%
EAA/NEAA	46.00%	44.10%

注：*，必需氨基酸；TAA, total amino acids, 总氨基酸；NEAA, non-essential amino acids, 非必需氨基酸；EAA, essential amino acids, 必需氨基酸。

表4 盐碱地稻米和非盐碱地稻米脂肪酸组成和含量对比分析

脂肪酸	盐碱地稻米	非盐碱地稻米
十二碳酸（毫克/100克）	0.16 ± 0.03	0.22 ± 0.04
肉豆蔻酸（毫克/100克）	4.59 ± 1.40	5.49 ± 1.48
棕榈酸（毫克/100克）	385.95 ± 86.06	391.92 ± 35.17
硬脂酸（毫克/100克）	38.71 ± 10.83	41.87 ± 7.79
花生酸（毫克/100克）	10.11 ± 2.35	11.56 ± 1.24
山嵛酸（毫克/100克）	6.17 ± 1.57	8.66 ± 1.80

（续表）

脂肪酸	盐碱地稻米	非盐碱地稻米
木蜡酸（毫克/100克）	11.31 ± 3.06	18.09 ± 4.18
油酸（毫克/100克）	443.62 ± 105.07	557.93 ± 95.99
芥酸（毫克/100克）	2.07 ± 0.65	2.22 ± 0.54
顺-11-二十碳一烯酸（毫克/100克）	11.33 ± 2.78	13.51 ± 2.23
顺,顺-11,14-二十碳二烯酸（毫克/100克）	0.60 ± 0.27	0.74 ± 0.24
亚油酸（毫克/100克）	1 365.11 ± 245.12	1 534.88 ± 273.01
亚麻酸（毫克/100克）	37.60 ± 14.02	154.57 ± 231.13
饱和脂肪酸（毫克/100克）	456.97 ± 100.25	477.80 ± 46.53
单不饱和脂肪酸（毫克/100克）	457.02 ± 108.07	573.66 ± 97.36
多不饱和脂肪酸（毫克/100克）	467.77 ± 85.83	563.40 ± 146.57
单不饱和脂肪酸/多不饱和脂肪酸	0.97	1.04

表5　盐碱地稻米和非盐碱地稻米维生素含量对比分析

维生素	盐碱地稻米	非盐碱地稻米
维生素B_1（毫克/100克）	0.12 ± 0.07	0.11 ± 0.07
维生素B_2（毫克/100克）	0.02 ± 0.00	0.02 ± 0.00
总维生素E（微克/克）	3.88 ± 1.24	5.40 ± 1.14

表6　盐碱地稻米和非盐碱地稻米矿物质含量对比分析

矿物质	盐碱地稻米	非盐碱地稻米
钙（毫克/千克）	166.89 ± 15.18	143.36 ± 15.27
铜（毫克/千克）	3.31 ± 1.39	3.04 ± 1.24
铁（毫克/千克）	28.46 ± 6.81	19.65 ± 4.80
锰（毫克/千克）	30.84 ± 4.80	29.76 ± 5.74
钠（毫克/千克）	77.24 ± 24.11	40.50 ± 7.20
锌（毫克/千克）	22.36 ± 5.42	20.57 ± 2.72
钾（毫克/千克）	2 740.40 ± 319.94	1 746.50 ± 300.39
镁（毫克/千克）	1 746.50 ± 300.39	1 679.00 ± 157.61
磷（毫克/千克）	3 844.00 ± 633.29	3 505.50 ± 310.01
硒（毫克/千克）	0.01 ± 0.01	0.02 ± 0.01

对盐碱地和非盐碱地稻米蛋白质、脂肪、直链淀粉、维生素、矿物质等营养成分进行检测和对比分析，发掘盐碱地稻米在营养成分方面的独特特征及优势。结果表明：

（1）盐碱地稻米钙、铁、钠、钾含量极显著高于非盐碱地稻米（$P<0.01$），前者分别是后者的1.2倍、1.4倍、1.9倍、1.6倍，这可能与盐碱地土壤中矿物质含量高有关。

（2）盐碱地和非盐碱地稻米蛋白质无显著性差异（$P>0.05$），但盐碱地稻米的EAA/TAA值和EAA/NEAA值也更接近FAO/WHO的理想蛋白质的标准值，氨基酸组成更符合人体营养需求。

（3）盐碱地稻米脂肪含量略高于非盐碱地稻米（$P<0.05$），但饱和脂肪酸、单不饱和脂肪酸、多不饱和脂肪酸含量无显著差异（$P>0.05$）。

（4）盐碱地稻米直链淀粉含量略高于非盐碱地稻米（$P<0.001$）。

（5）盐碱地稻米维生素E含量显著低于非盐碱地稻米（$P<0.01$），两者维生素B_1、维生素B_2和铜、锌、镁、磷、锰等矿物质含量无显著差异（$P>0.05$）。

（二）黄河口大米风味特征

采用SPME-GC/Q-TOF技术对盐碱地和非盐碱地稻米挥发性风味物质进行分析，结果如表7、表8所示。

表7　盐碱地稻米和非盐碱地稻米挥发性风味物质数量　　　　单位：种

挥发性风味物质种类	盐碱地稻米	非盐碱地稻米
烷烃类	11	27
醇类	3	9
酯类	6	10
酮类	2	7
醛类	—	8
烯烃类	2	5
芳香族化合物及其他	14	29
合计	38	95

三、黄河口大米具有独特营养品质

表8 盐碱地稻米和非盐碱地稻米差异性特征化合物数量　　　　　　单位：种

差异性特征化合物	盐碱地稻米	非盐碱地稻米
烷烃类	8	22
醇类	2	8
酯类	5	8
酮类	1	5
醛类	—	8
烯烃类	1	3
芳香族化合物及其他	9	28
合计	26	82

利用国标方法，对5个品种盐碱地和非盐碱地稻米胶稠度、碱消值等指标进行检测，品尝评分值选取7名优选评价员，以粳米品尝评分参考样品为对照，对稻米进行品评，并通过配对T检验或非参数检验进行差异性分析，结果如表9所示。

表9 盐碱地稻米和非盐碱地稻米食味品质对比分析

品种	是否为盐碱地	碱消值（级）	胶稠度（mm）	品尝评分值（分）
津原U99	是	6.42 ± 0.12	82 ± 2.83	65 ± 4.11
	否	6.42 ± 0.12	78 ± 2.12	77 ± 2.14
金稻919	是	6.75 ± 0.11	54 ± 4.24	76 ± 4.03
	否	6.75 ± 0.11	76 ± 0.71	80 ± 1.91
盐黄香粳	是	7.00 ± 0.00	43 ± 2.12	74 ± 4.79
	否	6.75 ± 0.35	73 ± 0.71	74 ± 2.27
中科发928	是	6.33 ± 0.00	45 ± 2.83	74 ± 4.95
	否	6.75 ± 0.35	74 ± 2.12	77 ± 3.56
小粒香	是	7.00 ± 0.00	67 ± 3.54	79 ± 3.18
	否	6.50 ± 0.00	74 ± 4.24	76 ± 2.70
盐碱地稻米		6.70 ± 0.30	58 ± 15.63	73 ± 6.28
非盐碱地稻米		6.63 ± 0.23	75 ± 2.55	77 ± 3.14

采用SPME-GC/Q-TOF技术，对盐碱地和非盐碱地稻米的挥发性风味物质进行鉴定，并对胶稠度、碱消值、品尝评分值等食味指标进行检测，挖掘盐碱地稻米在

风味、口感方面的独特特征及优势。结果表明：

（1）盐碱地稻米中挥发性风味物质种类和差异化合物种类均低于非盐碱地稻米。其中5个品种盐碱地稻米检测出共有挥发性风味物质38种，包括烷烃类11种、醇类3种、酯类6种、酮类2种、烯烃类2种、芳香族化合物及其他类14种。其中，所含种类最多的是烷烃类，除醛类无检出外，种类最少的是酮类和烯烃类。5种非盐碱地稻米共检测出挥发性风味物质95种，包括烷烃类27种、醇类9种、酯类10种、酮类7种、醛类8种、烯烃类5种、芳香族化合物及其他类29种。其中，所含种类最多的是烷烃类，其次是酯类、醇类。

（2）主成分分析结果表明，盐碱地稻米中均未检出醛类化合物，且酮类化合物含量也较低；而非盐碱地稻米的醛、酮类化合物含量则较高。

（3）品尝评分值显示，盐碱地稻米的品尝评分值低于非盐碱地稻米（$P<0.05$），这可能与盐碱地稻米中醛类、酮类等体现稻米果香的化合物含量低、胶稠度偏低有关。但不同品种之间规律不一致，金稻919、小粒香的品尝评分值在5个品种中最高，盐黄香粳、中科发928、津原U99品尝评分值低于小粒香。对于小粒香，盐碱地的品尝评分值反而高于非盐碱地。品种、产地对品尝评分值的影响尚需要进一步研究。

（三）黄河口大米功能评价

检测方法：总酚含量测定参照Folin-Ciocalteu比色法，结果以每100克稻米干重样品没食子酸当量（毫克 GAE/100克 DW）[①]表示；总黄酮含量测定参照孙丹等（2013）的方法，利用$NaNO_2$-Al$(NO_3)_3$紫外分光光度比色法进行测定；总糖含量测定参照NY/T 2332—2013《红参中总糖含量的测定分光光度法》；超氧化物歧化酶（SOD）活性测定参照GB/T 5009.171—2003《保健食品中超氧化物歧化酶（SOD）活性的测定》邻苯三酚自氧化速率法；总抗氧化能力（T-AOC）测定参照总抗氧化能力（T-AOC）（FRAP法）试剂盒法进行检测。

通过配对T检验或非参数检验进行差异性分析，结果如表10所示。

---

① GAE，gallic acid equivalent，没食子酸当量；DW，dry weight，干重。

三、黄河口大米具有独特营养品质

表10　盐碱地稻米和非盐碱地稻米功能成分对比分析

功能成分指标	盐碱地稻米	非盐碱地稻米
总酚（毫克/100克）	85.95 ± 11.64	70.99 ± 13.59
总黄酮（毫克/100克）	33.63 ± 5.70	35.29 ± 6.80
总糖（克/100克）	77.24 ± 2.60	81.91 ± 3.05
SOD活性（U/克）	533.84 ± 75.03	409.98 ± 88.34
总抗氧化能力（微摩尔trolox/克干重）	2.247 9 ± 0.59	1.817 0 ± 0.37

对盐碱地和非盐碱地稻米总酚、总黄酮等功能成分和总抗氧化能力进行检测和对比分析，挖掘盐碱地稻米在营养功能方面的独特品质及优势。结果表明：

（1）盐碱地稻米总酚含量、SOD活性、T-AOC极显著高于非盐碱地稻米（$P<0.01$），前者分别是后者是1.2倍、1.3倍、1.2倍；总糖含量低于非盐碱地稻米（$P<0.01$）；总黄酮含量无显著差异（$P>0.05$）。

（2）对盐碱地和非盐碱地稻米的总酚、总黄酮、总糖、SOD活性4个功能成分和总抗氧化能力进行双变量相关性分析表明，总酚、总黄酮和总抗氧化能力呈极显著正相关（$P<0.01$），盐碱地稻米总抗氧化能力强可能与总酚高含量有关。

综上所述，相对于非盐碱地稻米，盐碱地稻米的独特优势主要体现在3个方面：

一是盐碱地稻米中脂肪、直链淀粉含量略高于非盐碱地稻米。文献研究表明，大米的直链淀粉含量越高，胃肠道消化越慢，葡萄糖释放的速度越慢，GI值越低（郑洁等，2020）。可继续挖掘黄河口大米及其制品对糖尿病人群的食用潜力。

二是盐碱地稻米中钙、铁、钠、钾等矿物质含量较高。矿物质对于人体生理功能具有重要作用。其中钙是人体骨骼和牙齿的主要成分，对于维持骨密度、正常的神经和肌肉功能具有重要作用。铁对血红蛋白的产生和血红细胞的形成是必需的。钠能调节机体水分，维持酸碱平衡。钾是维持水和电解质的平衡的必需元素，有助于维持正常的肌肉功能。

三是盐碱地稻米中总酚含量、超氧化物歧化酶活性、总抗氧化能力显著高于非盐碱地稻米。生物体内自由基过多堆积造成的氧化损害，是导致生物衰老和诱发Ⅱ型糖尿病等相关代谢性疾病的重要原因。研究表明，具有抗氧化活性的物质，能有效清除体内多余的自由基，减少活性物质对细胞的氧化损害，预防多种疾病的发生（杜昭换等，2024）。

四

黄河口大米特色产业应走营养功能之路

（一）加快营养化转型，塑造黄河口大米健康品牌

随着我国经济社会发展，城乡居民正由吃得饱、吃得好向吃得营养、吃得健康迈进。建议黄河口大米产业顺应新时代人们对美好生活的向往和营养健康需求，加快向以营养为导向的优质、生态、健康转型，加强科技创新，加强品牌设计，赋予黄河口大米品牌更加丰富的营养内涵，打造黄河口大米的健康形象，现提出以下建议：

（1）市政府层面应加强黄河口大米品牌的顶层设计，加强政策扶持和资金投入，深入挖掘黄河口大米在矿物质和抗氧化方面的优势，打造SOD大米等营养功能型大米，赋予黄河口大米更明确的营养内涵。

（2）根据目前黄河口大米直链淀粉含量较高的特点，建议进一步开展血糖生成指数等方面营养评价研究，挖掘黄河口大米对糖尿病患者的健康影响及食用潜力。

（3）与国内优势科研单位及种业企业合作，开展营养功能性耐盐碱水稻的引进培育，建设耐盐碱水稻筛选试验基地及配套设施，加强特色优良品种的评价、示范和推广应用，挖掘更多具有推广价值的特色稻米品种。

四、黄河口大米特色产业应走营养功能之路

（二）推行标准化生产，提高稻米产品质量和一致性

盐碱地稻米产业发展是一个系统工程，品质高、一致性好的产品，依赖于高标准的生产要求和严格的质量监管，因此标准化非常重要，现提出以下建议：

（1）推动盐碱地稻米全产业链标准化，按照"有标采标、无标创标、全程贯标"的要求，加快产地环境、投入品管控、农药残留、产品加工、分等分级、储运保鲜等关键环节标准的制修订，推动建立全产业链标准体系。

（2）开展标准宣贯培训，引导种植户按标生产，开展标准化试点，逐步推进标准化生产。在种植过程中，选择适合盐碱地的稻种，采用科学的栽培技术，以提高质量和一致性。在生产环节，加强农药化肥管理，避免造成环境污染。

（3）开展盐碱地农产品认证，鼓励盐碱地稻米生产加工企业使用营养标签标识，加强科普宣传教育，引导居民科学选择和健康消费。加强盐碱地稻米行业的监管力度，完善相关政策法规，提高执法水平，确保产品的品质和安全。

（三）推行订单化生产，提高经济效益和市场竞争力

黄河口地区滨海盐碱地规模有限，营养功能性大米需求客户较为分散，发展传统规模化农业效益不高，建议推行订单化生产，通过对大米的稳定供应和品质控制，满足特定市场主体的需求。现提出以下建议：

（1）广泛调研亚健康、慢性病等特定人群的主食需求，对营养功能性大米的需求，重点挖掘低血糖生成指数、补充矿物质、抗氧化、清除自由基、增强免疫等方面需求，为订单化农业生产提供策略指导。

（2）组建专业合作社，成立农业公司，为农户提供清理、干燥、储存、加工、销售"五代"服务，发展"粮食银行"，推广订单农业。确保种植户销售无忧，实现降本增收。

（3）走小规模、高品质、高效益发展路线，充分考虑当地淡水资源底数，以水定地，以地定产，满足小众群体的消费需求，确保优质优价，不能盲目扩大规模。

总之，充分利用盐碱地的资源禀赋，做好品质，做强功能，做足特色。依靠科技进步，创新经营管理，不断推进黄河口大米产业的转型升级，打造盐碱地特色产业，助力国家粮食安全和乡村振兴战略的实施。

参考文献

蔡东海，2023. 新疆地区边际土地草牧业发展，有效扩增食物产能[N/OL]. 中国日报网，2023-07-12. https://cn.chinadaily.com.cn/a/202307/12/WS64ae43b8a3109d7585e448a8.html

崔义鑫，李民峰，赵吉会，2023. 盐碱地里稻飘香[N/OL]. 黑龙江日报，2023-10-08（1）. DOI：10.28348/n.cnki.nhjrb.2023.003836.

杜昭换，姜忠丽，赵秀红，2024. 不同品种糙米酚类物质抗氧化及体外降血糖活性评价[J]. 粮食与饲料工业（1）：40-45，52.

李越. 昔日盐碱地　今朝米粮川[N]. 辽宁日报，2023-11-01（2）.

利津县人民政府，2024. 利津："上农下渔"让盐碱地迸发新生机[EB/OL]. http://www.lijin.gov.cn/art/2024/9/4/art_70788_10356559.html.

刘小京，郭凯，封晓辉，等，2023. 农业高效利用盐碱地资源探讨[J]. 中国生态农业学报（中英文），31（3）：345-353.

刘悦嘉. 稻渔共生奏欢歌[N]. 鄂尔多斯日报，2024-09-13（2）.

刘自艰，2021. 盐碱地也能变丰收田：我国盐碱地治理热点[N]. 农民日报，2021-11-17.

马帛宇，2024. "疆"阔凭鱼跃[N/OL]. 新疆日报（汉），2024-07-28（1）. DOI：10.28887/n.cnki.nxjrb.2024.002897.

马洪超，2022. 不毛之地成草茂粮丰[N/OL]. 经济日报，2022-07-31（6）. DOI：10.28425/n.cnki.njjrb.2022.004541.

普建凤，2024. 盐碱地稻米特征品质挖掘与评价研究：以山东东营为例[D]. 北京：中国农业科学院.

秦瑞杰，2023. 人民眼·做好"土特产"文章[N]. 人民日报，2023-08-18（13）.

曲哲涵，2022. 强化资金和政策保障推动高质量发展[N/OL]. 人民日报，2022-05-18

（4）. DOI：10.28655/n.cnki.nrmrb.2022.005147.

孙丹，杜娟，曾亚文，等，2013. 功米3号×滇屯502的F_3群体稻米总黄酮和γ-氨基丁酸含量的遗传变异及相关性分析[J]. 西南农业学报，26（2）：389-394. DOI：0.16213/j.cnki.scjas.2013.02.028.

徐锦庚，李蕊. 把盐碱地变成丰产田[N/OL]. 人民日报，2022-04-08（13）. DOI：10.28655/n.cnki.nrmrb.2022.004138.

郑洁，曾小庆，宋德明，等，2020. 高抗性淀粉大米对2型糖尿病患者血糖的影响研究[J]. 重庆医学，49（18）：3033-3036.

智荣，陈梅梅，闫敏，等，2022. 草原补奖政策下牧户家庭收入的影响研究：以内蒙古锡林郭勒盟为例[J]. 草地学报，30（12）：3392-3401.